DE

L'INCISION ANNULAIRE.

PARIS, IMPR. DE LEBEL,
Imprimeur du Roi, rue d'Erfurth, n° 1.

DE

L'INCISION ANNULAIRE,

DE SES CAUSES, DE SES EFFETS,

ET

PARTICULIÈREMENT DE SON EMPLOI DANS LA CULTURE DE LA VIGNE;

Par M. C. BAILLY,

Membre de la Société Linnéenne de Paris et de plusieurs autres réunions savantes, collaborateur du *Bulletin universel des sciences*, dirigé par M. le baron DE FÉRUS-SAC; auteur de divers ouvrages sur les sciences, directeur de l'*Encyclopédie portative*.

PARIS,

AU BUREAU DE L'ENCYCLOPÉDIE PORTATIVE,
RUE DU JARDINET-SAINT-ANDRÉ-DES-ARTS, N° 8.
1825.

Extrait de la *Bibliothèque physico-économique*, cahier d'avril 1825, tome XVII de la nouvelle rédaction.

DE
L'INCISION ANNULAIRE,

DE SES CAUSES, DE SES EFFETS,

ET

PARTICULIÈREMENT DE SON EMPLOI DANS LA CULTURE
DE LA VIGNE.

—

L'INCISION annulaire consiste à enlever un anneau d'écorce à une tige, un rameau ou une racine; elle était connue de l'antiquité, mais seulement comme moyen d'arrêter la croissance fougueuse d'arbres trop vigoureux. Chez les peuples placés sous un climat où l'intempérie des saisons est moins fréquente et moins redoutable que chez nous, où la température suffit toujours pour la maturation complète des fruits, les effets de cette opération pour arrêter la coulure et hâter la maturité n'avaient point été remarqués; tant il est vrai que les propriétés d'un procédé quelconque ne fixent l'attention de la plupart des hommes que quand elles se lient à leur intérêt présent.

A la renaissance de l'agriculture, les savans qui y contribuèrent le plus par leurs écrits, apprécièrent mieux les avantages de l'incision annulaire, qu'on devrait peut-être appeler *circoncision végétale*, et on commence à en trouver des traces dans leurs ouvrages [1]. Elle n'en fut pas moins tout-à-fait négligée, et presque oubliée, lorsque, rappelée à l'attention des cultivateurs, vantée outre mesure par certains agronomes qui n'étaient point en état d'apprécier ses avantages à leur juste valeur, ni de les renfermer dans les bornes d'une saine théorie et de judicieuses expériences, elle parut, pour ainsi dire, la pierre philosophale de l'horticulture. Avec son secours on ne craignait plus ni la vigueur désordonnée de certains arbres, ni leur refus obstiné à se couvrir de fleurs et de fruits : on ne craignait plus ni la longueur des pluies du printemps, ni la brièveté de l'été. Cet engouement, si fréquent chez les hommes à imagination

---

(1) *Voyez* les ouvrages de OLIVIER DE SERRES, de DUHAMEL DU MONCEAU, de ROZIER.

vive lesquels se laissent captiver à certaines nouveautés, tandis qu'ils en dédaignent d'autres plus importantes et qui passent inaperçues, cet enthousiasme exagéré ne fut pas de longue durée; il se changea presque aussitôt en un dédain non moins prompt, non moins injuste, et tout aussi peu motivé. Mais ce ne fut pas seulement le vulgaire qui se laissa conduire par la prévention, beaucoup de savans agronomes ont aussi proscrit cette opération d'une manière générale, presque sans examen, sans distinction, tantôt comme dangereuse pour les végétaux auxquels on l'appliquait, tantôt comme diminuant la qualité des produits, ou bien n'atteignant que faiblement le but qu'on se proposait.

Mais enfin la question tombe maintenant dans les mains de juges plus impartiaux, parce qu'ils sont plus réfléchis, et comme il arrive toujours et en toute matière, après ces oscillations en sens divers, leur opinion formera bientôt l'opinion générale. Après avoir multiplié et répété de mille manières les expériences, après avoir mis dans la balance toutes les circonstances particulières, telles que l'époque, la température, le mode de culture, la force et la nature des végétaux, après avoir établi des distinctions propres à concilier des opinions divergentes, ils pourront mettre les cultivateurs à même de juger, quand l'emploi ou le rejet de ce procédé est avantageux ou nuisible. Ce sont les premiers linéamens de ce travail bien important pour le vigneron et le jardinier que nous essayons de leur présenter aujourd'hui.

L'influence de l'incision annulaire est la même et se fait sentir d'une manière générale sur tous les végétaux : ses résultats, en partie analogues à ceux du pincement des bourgeons, de la torsion, de l'arqûre des tiges, favorisent chez les végétaux l'accroissement en diamètre et diminuent le développement en longueur, c'est-à-dire causent l'accumulation des sucs séveux dans la portion du végétal supérieure à l'incision. Cet effet général, entouré de variations dues aux circonstances particulières, et qui ont fait attribuer à l'incision annulaire des résultats très-différens, n'en est pas moins constant lorsqu'on le dépouille de ses anomalies, et nous espérons prouver que

cette considération suffira pour faire dis-
paraître toutes les contradictions appa-
rentes qui ont tant embarrassé les auteurs
dans l'explication de cette opération.
Comme celles que nous avons mention-
nées tout-à-l'heure, celle-ci ne peut in-
distinctement s'appliquer dans tous les
cas et à toutes les sortes de végétaux ; ainsi
il est inutile de dire qu'elle est imprati-
cable pour toutes les plantes dont la tige,
indépendamment des parties corticales,
ne présente point un soutien suffisant,
mais on reconnaîtra que, si ce procédé a
certaines propriétés communes avec d'autres opérations, s'il est susceptible d'applications utiles pour tous les arbres fruitiers, il possède des avantages particuliers
pour la vigne, cultivée d'une certaine
manière, et spécialement dans les pays
du Nord, où la coulure est si imminente,
la maturation si tardive, principalement
depuis quelques années, où, par une
cause quelconque, l'ordre des influences
météoriques paraît dérangé. C'est pourquoi, après avoir cherché dans les lois
de la physique végétale, l'explication
d'une opération sur laquelle il nous semble qu'on a commis jusqu'à présent tant

de méprises, nous entrerons dans quelques développemens sur ses applications à la culture de la vigne.

§ Ier.

Les effets principaux de l'incision annulaire sont de diminuer l'accroissement de la portion du végétal inférieure à la plaie, et d'augmenter celui des parties supérieures, principalement dans tout ce qui dépend ou appartient à l'écorce et au système cortical; les effets secondaires de cette opération sont, d'assurer la fécondation des fleurs, et par conséquent d'empêcher la coulure; de hâter l'accomplissement de la révolution végétale, et par conséquent l'époque de la maturation des fruits et de la perfection du bois; enfin, de ralentir un peu l'action des racines, mais avec profit pour les organes aériens. D'où il doit résulter un développement plus complet de toutes les dépendances du système cortical, une croissance et une formation moins rapides de nouveaux bourgeons, mais une nourriture plus abondante de ceux qui existent, une diminution de vigueur pour l'année suivante, où les racines plus faibles auront des rameaux plus puissans à faire végéter. De là, une abondante formation de bourgeons à fleurs et à fruits qu'une sève ascendante trop active ne viendra pas transformer en bourgeons à bois, ou contrarier dans leur développement.

Il est incontestable que les végétaux incisés ont tout le système aérien développé plus complétement, dans un état de santé et d'organisation plus parfait, que ceux qui n'ont point subi cette opération ; on remarque particulièrement que l'écorce est plus lisse et mieux nourrie, les feuilles plus amples, d'un vert plus foncé, pourvues de nervures plus fortes et d'un réseau plus large ; que les fleurs et les fruits sont également plus volumineux, s'accroissent et se nourrissent plus abondamment et plus également ; enfin, que tout le bois supérieur à l'incision est plus beau. La différence est même telle, que le plus souvent sur la vigne, dont la force de végétation est si grande, la portion des rameaux supérieure à l'incision a un volume double de l'inférieure. L'observation constante de ces phénomènes ne doit-elle point

conduire à reconnaître qu'ils sont le résultat de la sève ascendante qui continue
sa marche à travers les fibres ligneuses,
tandis que la sève descendante, qui cir-
cule dans les canaux de l'écorce, arrêtée
dans sa course par la suppression d'une
portion de son canal, est forcée de s'accumuler dans les organes placés au-dessus
de l'incision? Voyons comment cette
théorie s'accorde avec tous les faits ob-
servés et explique les anomalies appa-
rentes des effets de la circoncision.

Mais levons d'abord une première
difficulté, qui est peut-être une des principales causes des méprises qu'on a com-
mises dans l'appréciation de l'action de
ce procédé et de la fausse théorie qu'on
lui a attribué. En effet, on objectera
sans doute que cette opération a été em-
ployée de tout temps pour mettre un
frein à l'emportement fougueux d'arbres
trop vigoureux, et pour les contraindre
promptement à changer leur luxe de végétation en fleurs et en fruits, et on en
conclura que c'est en diminuant, en ra-
lentissant le cours de la sève, que ces
effets sont produits; c'est ainsi qu'on raisonne en général dans les explications

qu'on veut en donner, sans considérer
qu'ils ne sont point immédiats, mais
simplement relatifs. L'incision annulaire n'agit au contraire qu'en augmentant considérablement l'action de la
sève, ainsi qu'il est facile de s'en assurer
en scrutant les faits avec un œil obser-
vateur, mais, en même temps, en la lo-
calisant, en la concentrant dans le système cortical. Aussi, lors même qu'elle
serait possible sur les végétaux monoco-
tylédons, elle ne pourrait agir de la même
manière, parce que leur organisation est
toute différente de celle des dicotylé-
dons, et je ne sache pas qu'elle ait jamais
produit d'effet sur cette classe du règne
végétal.

On sait que l'opération de l'incision
consiste à enlever un anneau complet
d'écorce, mais qu'elle laisse intactes toutes les parties ligneuses et centrales du
végétal : ne doit-il pas en résulter que
les racines existantes continueront d'agir
et enverront la sève ascendante dans
tous les organes, puisque les canaux qui
servent à sa conduite n'ont point été
attaqués? Cependant, d'un autre côté,
les feuilles ne cesseront point de rem-

plir leurs fonctions; elles pomperont les principes nutritifs, elles recevront l'influence des principes stimulans répandus dans l'atmosphère; mais le produit de leur action, la sève descendante, qui se porte ordinairement dans tout le corps du végétal par le moyen de l'écorce, bientôt arrêtée dans sa circulation par la plaie annulaire, sera refoulée dans toutes les parties supérieures, où elle profitera principalement aux feuilles, aux fleurs et aux fruits, en un mot à toutes les dépendances du système cortical. Ce résultat doit donc avoir pour conséquences immédiates : d'une part, l'accroissement plus rapide, la nourriture plus complète, le développement plus parfait de tous les organes placés au-dessus de la plaie, et surtout de ceux qui appartiennent à l'écorce, canal plus spécial de la sève descendante : or, cette induction théorique est confirmée par l'observation de tous les faits; d'une autre part, une conséquence également immédiate, également indiquée par la théorie, également conforme à l'expérience, est la formation d'un bourrelet à la partie supérieure de la plaie annulaire ; car la sève descendante doit constamment faire effort pour reprendre sa marche accoutumée, elle doit chercher à rétablir les canaux lésés de sa circulation : c'est à quoi elle parvient bientôt par l'augmentation successive de ce bourrelet, qui réunit enfin les deux lèvres de la plaie, et rétablit dans leur ordre naturel la marche des fluides séveux. C'est alors seulement que la sève descendante, envoyée par les feuilles, peut parvenir aux racines et contribuer, par un échange mutuel, à leur accroissement proportionnel ; jusque là ces racines contribuaient au bien-être général de tout leur pouvoir, mais sans rien recevoir en compensation : état forcé, qui peut les placer dans une langueur momentanée, mais qui portait ailleurs une vigueur inaccoutumée.

On conçoit sur-le-champ que si le bourrelet que forme la sève descendante se trouve placé dans des conditions favorables, par exemple, est plongé dans une terre suffisamment humide et chaude, en même temps qu'il réunira les bords de la plaie, il projettera, au moyen des organes producteurs des bourgeons qu'il renferme, d'abondantes racines ; et c'est ce que l'expérience confirme. Nous rentrons en effet ici dans les conditions favorables au marcottage, car on sait qu'on favorise constamment la reprise des marcottes, et qu'on détermine la formation des racines, en produisant, par une plaie quelconque, une extravasion des sucs séveux, et par suite un bourrelet.

Recherchons à l'aide de cette théorie quels sont les inconvéniens de l'incision annulaire. On voit que les racines souffrent constamment, plus ou moins, pendant cette suspension obligée d'accroissement, et même d'autant plus que le système aérien leur demande un surcroît de nourriture proportionné à son développement. Il en résulte que si cet état, qui détruit la balance des sèves et l'équilibre des organes, se prolonge trop long-temps, il pourra conduire à l'affaiblissement, à l'atonie de l'être végétal, et même à une longue agonie suivie de la mort. C'est ce qui arrive lorsque la plaie a une largeur démesurée, surtout si l'individu opéré de la sorte est déjà faible, ou par sa nature a une circulation peu active. C'est donc sur les individus les plus vigoureux et les végétaux les plus abondans

en sucs nourriciers que cette opération
peut se pratiquer avec le moins de dan-
ger. Dans tous les cas, cette diminution
d'action de la part des racines devra in-
fluer sur l'accroissement en longueur des
bourgeons, accroissement qui se fait aux
dépens de la séve ascendante : or, l'expérience prouve que les végétaux incisés croissent beaucoup plus en diamètre
qu'en longueur.

Enfin, n'est-il pas maintenant facile de
concevoir pourquoi un excès de développement, produit dans les rameaux par
cette opération, diminue celui de l'année
suivante, et met les boutons à fruit ?
car, d'une part, le système cortical a été
nourri plus abondamment qu'il ne l'aurait été, et il l'a été par une séve très-
élaborée, d'où il résulte qu'une multitude
de bourgeons ont acquis les qualités né-
cessaires pour former des fleurs et des
fruits ; en second lieu, les arbres d'une
vigueur exagérée ne fournissent pas de
fruits, parce que leur séve ascendante
est en excès par rapport à leurs rameaux :
or, puisque l'effet de l'incision est d'augmenter leur accroissement et de diminuer
celui des racines, il en résulte qu'on se

***

rapprochera par ce moyen de l'équilibre, et qu'un arbre rebelle pourra se charger de fleurs et de fruits pendant les années qui suivront cette opération.

Nous pourrions nous arrêter à ces considérations générales, que nous regardons comme certaines, et ne point aborder une question plus compliquée, dont l'explication paraîtra peut-être hypothétique. Mais ces recherches, incertaines à leur apparition, n'ont-elles point l'avantage d'appeler sur un sujet les méditations et les contradictions des savans? D'ailleurs ne présentent-elles pas quelque intérêt, par cela seul qu'elles montrent la nécessité d'avoir égard à l'influence des agens physiques et chimiques, et de combiner les théories de ces sciences dans tous les phénomènes physiologiques? Toutefois cette explication perdra nécessairement beaucoup de sa clarté et de sa probabilité, par son isolement de l'ensemble de notre théorie de la végétation, que d'autres circonstances nous permettront peut-être de compléter et de mettre au jour : nous devions en faire la remarque pour appeler sur ce travail l'indulgence des naturalistes.

Une méprise semblable à celle que nous avons signalée tout-à-l'heure, nous semble avoir écarté les savans qui ont voulu expliquer la coulure des fleurs et des fruits, de la voie qui les aurait conduits à sa véritable cause. On a cru que la fécondation des fleurs n'avait point lieu ; que les fruits ne nouaient pas, parce que la séve devenait trop active, trop abondante, le végétal trop vigoureux, sans considérer qu'une telle explication n'en était pas une : on a posé en principe que l'augmentation de la séve était la cause de la coulure des fleurs, parce que cela arrive le plus souvent lorsque le temps est très-humide, et qu'en général l'humidité augmente la végétation, sans examiner si ces circonstances se trouvaient toujours réunies et concomitantes, si elles étaient dépendantes les unes des autres : or cet examen aurait bientôt conduit à un résultat tout différent.

Selon nous, la coulure est produite par un défaut de stimulant, d'excitant de la végétation. La fécondation, premier phénomène vital, n'a point lieu lorsque les organes reproducteurs sont momentanément privés de l'irritabilité nécessaire pour l'accomplissement de leurs fonctions. Dans cette manière de voir on peut assigner deux causes à cet accident si funeste au cultivateur : la première, c'est la diminution de l'influence de la lumière et de l'électricité, dont l'action dans la végétation, si elle n'est point connue, est suffisamment prouvée par mille phénomènes de tout genre. En effet, les longues pluies printanières, causes principales de la coulure, sont produites par des nuages qui obscurcissent le ciel pendant des journées entières; ce n'est donc point pour la végétation que le soleil brille de tout son éclat, ce n'est point sur elle qu'il répand alors sa bienfaisante influence. D'un autre côté, l'humidité, mauvais conducteur de l'électricité, ne permet point à ce fluide excitant de s'accumuler dans les organes des végétaux, d'y remonter en abondance des sources du réservoir commun : sans cesse lavées par l'eau des pluies, environnées d'une atmosphère saturée de vapeurs aqueuses, les plantes ne peuvent conserver le principe stimulant qui afflue à la surface du globe et cherche à s'échapper par les pointes de leurs rameaux. Dans ces circonstances, la lumière et l'électricité ne peuvent donc agir que bien faiblement : quelle que soit la nature du principe vital, son énergie doit diminuer, principalement dans l'acte de la fécondation, où les végétaux donnent pour ainsi dire des preuves de sensibilité.

Nous nous bornerons à ce simple énoncé, pour ne point entrer dans des développemens qui nous entraîneraient beaucoup trop loin, mais nous ferons seulement remarquer que les pluies d'orages, si fortes, si abondantes, après lesquelles la végétation est si belle, ne causent jamais de coulure, mais, au contraire, favorisent la fécondation. Cela ne prouve-t-il point jusqu'à l'évidence que ce n'est ni l'augmentation de vigueur dans les plantes, ni l'enlèvement du pollen par les pluies, qui empêchent les germes d'être fécondés ?

La seconde cause de la coulure n'est qu'une conséquence de la première. On sait quel rôle important joue la lumière dans l'absorption de l'acide carbonique par les feuilles ; on sait que cet aliment principal des végétaux ne peut être assimilé sans l'influence de cet agent ; il en

résulte nécessairement que toutes les fois
que son action diminue, la quantité d'a-
cide carbonique absorbée est moindre.
La conséquence de ce résultat est que
la sève descendante sera moins abondante, moins élaborée ; le système cortical
et tout ce qui en dépend languira, sera
moins nourri. Ce qui a pu faire croire
que l'humidité favorise toute la végétation, c'est que dans ce cas la sève ascendante est plus considérable par l'augmentation d'absorption de la part des
siphons des racines ; mais cette augmentation n'influe que sur l'accroissement en longueur, et ne remplace point
la nourriture élaborée qui manque en
partie au végétal; aussi voyons-nous
alors les feuilles jaunir plus ou moins,
la plante alonger considérablement ses
bourgeons, en un mot, s'étioler en partie.
En second lieu, l'acide carbonique, en
devenant solide ou liquide des végétaux,
leur abandonne du calorique, autre stimulant indispensable aux corps organi-
sés ; et puisque l'humidité diminue la
quantité d'acide carbonique absorbée, elle
diminuera en proportion la chaleur dis-
ponible : si vous possédez un procédé qui

force l'acide carbonique de localiser son action, par là vous concentrerez la chaleur, vous augmenterez ses effets dans certaines parties; la fécondation aura lieu. C'est précisément l'effet que produit l'incision annulaire : elle accumule au profit du système cortical supérieur tout l'acide carbonique absorbé, et par conséquent toute la chaleur produite; les effets de leur action concentrée de la sorte peuvent donc égaler ou même surpasser ce qui eût été produit si elle se fût disséminée dans toutes les parties du végétal; l'équilibre rompu sera par là rétabli. Aussi voyons-nous sur les végétaux incisés tous les organes dépendans du système cortical profiter considérablement, et en particulier, la fécondation des fleurs s'opérer d'une manière prompte et complète.

Telles paraissent être les causes qui produisent et empêchent la coulure des fleurs et des fruits; mais lors même qu'on n'adopterait point ces explications basées sur la physique et la chimie, en ne poussant point la question jusque dans ses derniers élémens, n'en trouvera-t-on point la solution dans notre théorie générale de l'incision annulaire ? En effet, ne doit-on pas être moins étonné que la fécondation soit opérée par l'accumulation de la sève descendante, effet qui nous paraît incontestable, que par le ralentissement de sa marche, par la diminution de son action, ainsi que de la vigueur de tout l'être végétal ? Nous disons donc avec assurance que les effets de la circoncision sont le résultat d'une augmentation de vigueur communiquée, quelle qu'en soit la cause, aux organes qui alimentent les fleurs et les fruits.

§ II.

L'application de l'incision à l'arbuste vinifère a été aussi vantée que décriée, et souvent avec aussi peu de fondement. Enfin, des expériences multipliées, et dont le résultat est incontestable, mettent à même de prononcer avec quelque certitude ; et dans les pages précédentes nous avons cherché à éclaircir quelques points théoriques qui ne seront pas sans utilité pour la solution de la question.

Depuis quelques années principalement, les propriétaires, surtout dans le

nord et le centre de la France, sont dé-
solés par l'intempérie des mois printa-
niers : des pluies continuelles dans la
saison des beaux jours et des chaleurs,
intervertissent la marche de la végétation
et empêchent la fécondation des fleurs.
Il en résulte que le cultivateur voit ses
grappes privées des grains sur lesquels il
basait ses espérances, et que la coulure
menace d'annuler la récompense de son
labeur. En second lieu, les fleurs eussent-
elles été fécondées, il arrive souvent, lorsque la saison est défavorable, que les
grains noués profitent inégalement, et
qu'au lieu de grappes bien pleines, on
n'obtient à la vendange que des grappes
sur lesquelles quelques grains épars ap-
paraissent de loin en loin : enfin, dans
les années tardives, les gelées d'octo-
bre anéantissent souvent des récoltes entières. C'est à ces trois inconvéniens que
l'incision appliquée à la vigne remédie
principalement; et des expériences multipliées, répétées par de nombreux propriétaires, et dans des circonstances di-
verses, ne peuvent permettre de douter
que cette opération n'arrête la coulure,
ne partage les principes nutritifs plus

abondamment et plus uniformément dans les parties importantes du végétal, enfin, ne hâte la maturité d'une à deux semaines.

Mais, en revanche, ce procédé diminue constamment l'accroissement des racines et de toutes les parties placées au-dessous de la plaie : il a donc des avantages et des inconvéniens ; et on voit que son application dépend du mode de culture adopté et de l'état des végétaux. S'il est en général avantageux pour les produits de l'année, il peut, en attaquant plus ou moins le système terrestre des plantes, être dangereux pour les années suivantes : s'il amène à fruit une vigne trop vigoureuse, s'il fait rapporter outre mesure une vigne qu'on destine à la hache, il peut affaiblir jusqu'à la mort une vigne faible ; il peut épuiser pour plusieurs années une vigne qu'on veut conserver : s'il peut se pratiquer sans inconvénient, et peut-être même augmenter la force des vignes *cultivées en provins*, parce que la partie incisée est chaque année mise en terre et forme une marcotte pleine de vigueur, il peut en être autrement pour les vignes dont la tige reste toujours la

même, comme celles *sur souches*, comme
les *ployes*, les *hautins*, les *treilles*, ainsi
que pour tous les autres végétaux qu'on
ne provigne pas annuellement.

Ces considérations semblent avoir dirigé un profond œnologue dans les con-
seils qu'il donne sur l'emploi de l'incision
annulaire; elles l'ont conduit, ainsi qu'un
propriétaire qui raisonne les cultures qu'il
dirige, et qui depuis cinq années pratique l'incision sur une étendue considérable de vignes (1), à limiter l'emploi de
ce procédé, dans le but d'empêcher la
la coulure et de hâter la maturité, à la
culture qui demande le provignage chaque année. Sans s'occuper des vignes éle-
vées, qu'on peut assimiler entièrement
aux autres végétaux fruitiers, ces savans
montrent combien l'incision annulaire,
pratiquée sur les souches ou les ployes
qu'on ne provigne que pour la multipli-
cation, peut altérer la vigueur des plants
et par suite l'abondance des récoltes

---

(1) *Voyez* le *Manuel du vigneron*, par M. Thiébaut de Berneaud; *voyez aussi* le *Mémoire de
M. de Bussy sur l'incision annulaire*, inséré
dans l'*Annuaire du département de l'Aisne pour*
1823.

postérieures. Nous renverrons à leurs travaux pour les distinctions judicieuses qu'ils établissent relativement à ces modes de culture, et nous ajouterons quelques mots sur les provins seulement, dont la conduite est généralement moins connue, et auxquels l'incision annulaire peut d'ailleurs s'appliquer plus particulièrement.

Dans ce mode de culture, les tiges sont, après la taille, couchées en terre, de façon à ne laisser sortir que deux ou trois yeux, en sorte que la plante est toujours jeune, puisqu'on ne laisse hors de terre que du bois d'un an. C'est un marcottage annuel, qui fait jeter à tout le bois mis en terre un chevelu abondant, nommé *chevin* par les vignerons de la Champagne, chevelu qui renouvelle la plante et augmente ses organes absorbans. Pour exécuter cette opération, le vigneron, commençant par le haut de la vigne, creuse devant chaque cep une petite fosse : à l'aide d'un coup de sabot il l'y couche, le recouvre de terre, et continue de la sorte pour tous les ceps, jusqu'au bas de la vigne. Une conséquence de cette conduite, c'est que les plants poussés chaque année de bas en haut, parcourent ainsi bientôt toute l'étendue de la vigne, et la laissent sillonnée d'une multitude de longues racines qui augmentent sans cesse et finissent par rendre la culture presque impossible.

On conçoit que dans une culture qui se renouvelle annuellement, les inconvéniens de l'incision disparaissent : il serait même possible que cette opération, en augmentant la vigueur des tiges qui seront en partie enterrées l'année suivante, et en formant un bourrelet qui jettera un chevelu abondant, fût toujours avantageuse, puisqu'elle procurerait un bois plus fort, mieux nourri, plus beau, et des racines plus abondantes. Le provignage n'est qu'un marcottage ; il doit donc, comme les autres marcottes, être favorisé par toute opération propre à augmenter la production des racines ; peut-être aussi pourrait-on par là ne conserver aux ceps que de jeunes racines, et se débarrasser plus ou moins complètement de ces longues traînées souvent dépourvues de chevelu, et qui ne font que consommer la sève en pure perte. Quoi qu'il en soit de cette opinion qui demande à être confirmée par des expériences, mais qui

mérite d'être vérifiée, il demeure constant qu'il est toujours avantageux de
pratiquer l'incision à rez-de-terre, ou
même un peu en terre : par ce moyen, la
plaie sera tenue dans une douce humidité
qui facilitera le rapprochement de ses
lèvres, et en outre, du bourrelet qui se
formera à la partie supérieure, partira,
aussi bien sur-le-champ qu'au provignage
suivant, un abondant chevelu propre à
satisfaire au développement extraordi-
naire des tiges.

On voit que cette culture par provignage annuel de tous les ceps, très-décriée
par une foule d'agriculteurs, mais trop
peu connue de la plupart (malgré qu'elle
soit universelle dans les départemens de
la Marne, de l'Aube et de l'Aisne) pour
être bien appréciée, présente du moins
une heureuse application de l'opération
qui nous occupe.

Ainsi, l'incision annulaire appliquée
aux provins, que le savant agronome
que nous avons cité tout à l'heure ne
conseille d'employer dans le but d'arrêter la coulure que quand le temps est
défavorable, et au moment même de la
fleur, nous semble n'avoir aucun incon-

vénient, pourvu qu'on la pratique un
peu en terre; plusieurs avantages paraissent même en être la suite, et s'il en est
ainsi, il serait sans doute convenable de
la pratiquer quelque temps avant la floraison, puisqu'alors elle la favorisera et la hâ-
tera, en même temps qu'elle déterminera
au bourrelet la formation d'un chevelu
plus considérable. Quoi qu'il en soit de
cette pratique, qui ne serait à adopter
que si l'incision devenait une opération
annuelle de la culture des provins, l'expérience a prouvé qu'elle produisait son
effet, c'est-à-dire empêchait la coulure à
quelqu'époque de la floraison qu'on la
pratiquât; opérée même après, elle hâte
toujours la maturation, et de plus, on a
reconnu qu'elle faisait profiter une multitude de petits grains qui, sans son influence, seraient demeurés stationnaires.

Il ne sera peut-être pas inutile d'expliquer ici pourquoi les opinions sur les
effets de l'incision annulaire, relativement à la qualité des produits, sont si dif-
férens : puisqu'elle augmente la nutrition
des fruits, la rend, ainsi que la maturité,
plus parfaite, il nous semble incontestable
qu'elle doit les améliorer en proportion, et

c'est aussi l'opinion d'un savant que nous avons déjà cité, M. Thiébaut de Berneaud; mais, ainsi qu'il le remarque également, dans plusieurs vignobles on est accoutumé à n'obtenir que des grappes à grains éloignés les uns des autres et dont la qualité est nécessairement bien supérieure; lorsque la coulure n'a pas lieu, ces grappes sont entassées, et il en résulte que plusieurs grains mûrissent mal ou sont attaqués de pourriture. On accuse alors l'incision annulaire d'un effet qui n'est que secondaire et relatif à certaines localités. Aussi avoue-t-on généralement que la même opération appliquée aux autres arbres fruitiers, non-seulement n'altère pas leurs produits, mais améliore leur qualité aussi bien qu'elle augmente leur volume.

Nous terminerons en rapportant une expérience faite par quelques simples vignerons qui ont voulu pratiquer l'incision annulaire, connue chez eux sous le nom de *Ronnage*, sans faire la dépense d'un *sécateur annulaire*, expérience qui peut avoir d'heureuses applications dans le cas où les avantages de ce procédé seraient moins généraux que nous ne l'espérons, et qui peut aussi le rendre moins dangereux pour les végétaux cultivés à la manière ordinaire, tout en atteignant le but proposé, d'empêcher la coulure. Ce procédé consiste à faire l'incision annulaire avec des ciseaux ordinaires, c'est-à-dire simplement à inciser l'écorce : il est évident que dans le premier moment la séparation existe, et tant qu'elle dure, les effets de l'incision doivent se manifester; car la sève momentanément, en effet, mais instantanément, est accumulée dans le système cortical : la coulure doit donc cesser, et bientôt, la circulation rétablie par la guérison de cette légère plaie, ne permettra pas aux racines de souffrir d'une manière sensible. Les effets de ce moyen appellent l'attention des cultivateurs et méritent d'être suivis.

Ainsi, l'on voit que l'expérience commence à répandre son flambeau sur les applications du procédé qui a fait le sujet de ce mémoire, mais que la théorie, qui pousse plus loin les conséquences, en attend encore la solution de plusieurs difficultés. Jusque-là il demeure du moins certain que cette opération, si elle n'est point utile, dans tous les cas

aux vignes dites provins, offre dans certaines circonstances des avantages incon-
testables, que l'observation et le discer-
nement apprennent à reconnaître et ne
permettront point de négliger.